Bibliografische Information der Deutschen Nationalbibliothek:

Die Deutsche Bibliothek verzeichnet diese Publikation in der Deutschen National-
bibliografie; detaillierte bibliografische Daten sind im Internet über http://dnb.d-
nb.de/ abrufbar.

Impressum:

Copyright © 2017 GRIN Verlag
Druck und Bindung: Books on Demand GmbH, Norderstedt Germany
ISBN: 9783668670471

Dieses Buch bei GRIN:

https://www.grin.com/document/417913

Daniel Senekowitsch, Alfred Germ

Unterrichtsentwurf zum Thema "Energiewirtschaft in Österreich: Unsere Stromversorgung" inklusive methodisch-didaktischer Analyse und Stundenbild

GRIN Verlag

Seminararbeit

verfasst im Rahmen der Lehrveranstaltung

GWD.07405UB Fachspezifische Mediendidaktik

Wintersemester 2017

Unterrichtsplanung „Energiewirtschaft in Österreich: Unsere Stromversorgung" inklusive methodisch-didaktischer Analyse und Stundenbild

von:

Alfred Germ

Daniel Senekowitsch

Institut für Geographie und Raumforschung

Karl-Franzens Universität Graz

Inhaltsverzeichnis

1. Einleitung

Als Unterrichtsthema wählte ich die Energiewirtschaft in Österreich. Da dieses für eine Einheit, auch für eine Doppelstunde zu umfangreich wäre, sehe ich die folgende Arbeit nur als Einstieg in ein größeres Kapitel, beginnend mit der Stromversorgung in Österreich. Ausgehend von der Annahme eine Doppelstunde (Wirtschafts-)Geografie an einer HAK im Bezirk Voitsberg zu unterrichten, beinhaltet das Unterrichtsthema zuerst einen grundlegenden Einstieg in die Materie. Nach herstellen lokaler und aktueller Bezüge wird folgend der Bogen langsam in Richtung eines handlungsorientierten Teils, in dem selbständiges, kreatives und vernetzt denkendes Arbeiten der Schüler und Schülerinnen gefordert wird, gespannt.

Die Themenwahl für die exemplarisch gestaltete Unterrichtssequenz lässt sich zu allererst mit großem persönlichen Interesse ergründen, welches sich sicherlich durch meinen Wohnort im Bezirk Voitsberg in der Steiermark, einem ehemaligen Braunkohlerevier, und dessen jüngere Vergangenheit erklären lässt. Auch die Selbstverständlichkeit mit der wir jeden Tag Strom aus der Steckdose beziehen ohne nur eine Sekunde darüber nachzudenken wie dieser entsteht und woher er eigentlich kommt, spielte eine große Rolle. Neben persönlichem Interesse wurde bei der Themenwahl aber natürlich auch der Lehrplan, der die grobe thematische und bürokratische Rahmung schafft, nicht außer Acht gelassen. Um die erwähnte Unterrichtssequenz im Rahmen der Lehrfreiheit bestmöglich zu unterrichten wählte ich daher einen sehr kontroversen, handlungsorientierten Teil mit lokalem Bezug, der darüber hinaus das Medium Statistik/Diagramm in den Mittelpunkt bringt. Ziel dieses, meiner Meinung nach, sowohl gesellschaftlich, als auch politisch sehr kontrovers diskutiertem Thema ist es, das Bewusstsein der Schüler und Schülerinnen für solche Themen zu sensibilisieren, zu politisieren und aufzuzeigen, dass es nicht immer nur „die Eine Lösung" in unserer Gesellschaft gibt.

2. Sachanalyse

Die folgenden Ausführungen stützen sich im Wesentlichen auf Informationen von Österreichs E-Wirtschaft (Österreichs E-Wirtschaft 2017). Die Stromversorgung in Österreich beruht im Großen und Ganzen auf drei großen Säulen: der Wasserkraft, den thermischen Kraftwerken ohne biogene Brennstoffe und den erneuerbaren Energieformen als dritte wichtige Säule. Aus diesen Kraftwerken konnten im Jahr 2015 rund 65.000 GWh Strom generiert werden. Nicht genug um von Stromimporten unabhängig zu sein, denn es wurden 70.000 GWh an Strom verbraucht. Die Statistikbroschüre der E-Control Austria 2016 schreibt dazu über das Jahr 2015 (E-Control Austria 2016):

> „Stromseitig war die inländische Produktion mit einem Rückgang um 0,3% nahezu gleich hoch wie im Vorjahr, wobei allerdings die Erzeugung aus Wasserkraft um 4,2 TWh oder 9,5% zurückging, die Stromerzeugung in Wärmekraftwerken dagegen um 2,9 TWh oder 19,2% und jene der Windkraftanlagen um 1,1 TWh bzw. 25,3% zunahm. Um den Verbrauchszuwachs von rd. 1,0 TWh abzudecken, war somit eine zusätzliche Erhöhung der Netto-Importe um 0,8 TWh oder 8,4% notwendig."

2.1. Kraftwerkstypen

Um einen fächerübergreifenden Unterricht zu ermöglichen spielt bei dieser Thematik die physikalische Komponente eine wichtige Rolle, und sollte, anders als bei meiner Präsentation im Rahmen der Lehrveranstaltung vom 27.10.2017, stärker betont werden. Dazu beschreibt Brücher (2009, S. 144) diese Komponente passend:

> „Das Prinzip der Stromerzeugung besteht in der Umwandlung ruhender über Bewegungs- in elektrische Energie, sei es unter Druck stehenden Wassers (Wasserturbinen), mit Wärme beladenen gespannten Dampfs (Dampfturbinen) oder eines Verbrennungsgemischs aus Gas/Öl und Luft (Gasturbinen). Daher die übliche Zweiteilung in Wasser- und Wärmekraftwerke. Ruhende Energie wird durch Strömungsfreigabe in Bewegungsenergie umgewandelt, die an den Turbinenschaufeln eine Kraft erzeugt und sich dadurch in mechanische Energie verwandelt; diese wird in dem angetriebenen Generator (Dynamo) in elektrische Energie umgeformt."

Eine Ausnahme bilden hier nur Atomkraftwerke, in denen chemische Energie umgewandelt wird, und Photovoltaikanlagen, in denen Strahlungsenergie als Ausgang dient.

2.1.1. Wasserkraftwerke

Zur Geschichte dieser Art der Nutzung schrieb Vogrin (Giesecke, Mosonyi 1998, S. 1-6, zitiert nach Vogrin 2007, S. 26) passend:

> „Die Wasserkraftnutzung kann bis zu den frühen Hochkulturen der Antike zurückverfolgt werden. Die Nutzungsformen von Wasserrädern waren sehr vielfältig, zu erwähnen wären Arbeitsgänge wie: Hämmern, Stampfen, Schleifen, Sägen, Drehen, usw. Das Wasserrad stellt die Urform einer Wasserkraftmaschine dar. Zu Beginn der Gewinnung von elektrischem Strom aus Wasserkraft wurden die alten Mühlräder zunächst weitergenutzt. Diese Mühlräder trieben Generatoren an, welche die Drehbewegung in elektrischen Strom umwandelten. Über Leitungssysteme wurde der Strom zu den Arbeitsmaschinen gebracht. Bald lösten Turbinen die Wasserräder ab, da ihr Wirkungsgrad höher war."

Zum Einsatz kommen heute, je nach Bauweise des Kraftwerks, Propeller-, Kaplan-, Francis-, Pelton- und Durchströmungsturbinen. Den Lauf- und Speicherkraftwerken im Land (inkl. der Pumpspeicherkraftwerke), die zusammengefasst als Wasserkraftwerke bezeichnet werden, kommt heute die mit Abstand größte Bedeutung zu. Rund 2/3 des erzeugten Stroms, genauer gesagt 62,4 Prozent, stammten im Jahr 2015 aus heimischen Wasserkraftwerken. Diese Daten unterliegen aufgrund von Pegelunterschieden leichten jährlichen Schwankungen, weshalb gerade bei der Wasserkraft die installierte Leistung mitbetrachtet werden sollte, welche im Jahr 2015 bei einer Engpassleistung von 13.660 MW lag und sich auf insgesamt 880 Kraftwerke aufteilte. (vgl. Österreichs E-Wirtschaft 2017)

2.1.2. Thermische Kraftwerke

Die Funktionsweise aller thermischen Kraftwerkstypen ist dampfseitig gleich, nur die Art der eingesetzten Energie unterscheidet sich. Wärme verwandelt dabei Wasser zu Dampf, welcher in hohem Druck über Leitungen zur Turbine transportiert wird und darin hintereinander geschaltete Schaufelräder antreibt. Dank dem Kühlsystem kondensiert der Dampf nach verrichteter Arbeit wieder und kehrt über Leitungen wieder in den geschlossenen Kreislauf zur neuerlichen Erwärmung zurück (vgl. Brücher 2009, S. 151).

Nun leisten thermische Kraftwerke ohne biogene Brennstoffe einen wichtigen Beitrag zur Versorgung Österreichs. Dazu zählen unter anderem Kohle- und Gaskraftwerke, wobei diese im Jahr 2015 einen Anteil von 22 Prozent am im Inland erzeugten Strom hatten. Die 580 Wärmekraftwerke mit einer installierten Leistung von 7.768 MW, das entspricht 31 Prozent der gesamten Engpassleistung aller österreichischen Kraftwerke, generierten dabei 14.300 GWh an Strom im Jahr 2015. (vgl. Österreichs E-Wirtschaft 2017)

2.1.3. Kraftwerke mit erneuerbaren Energieformen

Die dritte, nicht mehr außer Acht zu lassende, Säule bilden erneuerbare Energieformen in Österreichs Stromversorgung wie Wind, Photovoltaik, Geothermie und biogene Brennstoffe. Denen liegen vom physikalischen her die gleichen Prinzipien der Energienutzung zugrunde wie beispielsweise denen der Wasserkraftwerke oder der thermischen Kraftwerke ohne biogene Brennstoffe. Bewegungsenergie wird dabei zu elektrischem Strom generiert. Einzig und allein die Photovoltaikanlagen sind etwas Sonderbares, denn hier wird direkt Strahlungsenergie über ein komplexes Verfahren, auf das ich nicht näher eingehen will, in elektrischen Strom transformiert.

All diese Energieformen hatten im Jahr 2015 einen Anteil von 15 Prozent am Strom, der im Inland produziert wurde, was in Zahlen konkret 9.750 GWh an Strom bedeutete. Die Engpassleistung dieser Anlagen betrug gegen Ende des Jahres 2015 3212 MW, oder 13 Prozent der installierten Engpassleistung des Landes (vgl. Österreichs E-Wirtschaft 2017).

2.1.4. Weitere Kraftwerkstypen

In diesem Unterkapitel werden alle nicht in Österreich verwendeten Kraftwerkstypen kurz zusammengefasst. Dazu zählt allen voran die Atomkraft. Aufgrund des Atomsperrgesetzes, welches nach einer Volksabstimmung verabschiedet wurde, ist es untersagt solch ein Kraftwerk in Österreich zu betreiben. In allerletzter Sekunde wurde somit die Fertigstellung des schon in Bau befindlichen Atomkraftwerkes Zwentendorf verhindert und ein Millionengrab für österreichische Steuergelder geschaffen.   Im Prinzip funktioniert ein AKW aber gleich wie ein thermisches Kraftwerk, wobei sich nur die Herkunft der Wärme unterscheidet.

Diese entstammt nämlich der Kernspaltung von angereichertem Uran. Dies erfordert extrem erhöhte Sicherheitsstandards, die sich hauptsächlich in Form von der Auswahl von Standorten und den anzuwendenden Baunormen äußert, aber auch durch die Ausbildung der Mitarbeiter. Betrachtet man die Effektivität, so erhält man den höchsten Grad und den größten Output von Strom verglichen mit allen Kraftwerkstypen, aber gleichzeitig auch die teuerste wenn man die Investitionskosten alleine betrachtet.

Weiters nicht zum Einsatz kommen offshore Windkraftanlagen, also Windanlagen im Meer, wie dies zum Beispiel in Norddeutschland der Fall ist. Österreich als eines der wenigen Binnenländer der Welt muss somit auch auf Gezeitenkraftwerke gänzlich verzichten, denn beides setzt einen Zugang zum Meer voraus.

2.2. Pro und Contra

Jedes dieser Kraftwerke hat natürlich seine positiven und negativen Seiten. Folgend findet eine kurze, überblicksmäßige Auflistung von Pro und Contra statt, möglichst ohne vorab zu werten.

2.2.1. Erneuerbare Energieformen

Aus Sicht des CO_2 Ausstoßes spricht eigentlich nichts gegen erneuerbare Energiequellen. Jedoch sind diese im Allgemeinen mit höheren Kosten verbunden als konventionelle Erzeugungsarten und produzieren im Schnitt auch deutlich weniger Strom als diese. Auch dürfen die Eingriffe in die Umwelt nur sehr gering sein, da ansonsten ein sehr komplexes System von uns beschädigt wird. Auch die sich immer wieder ändernde Verfügbarkeit von beispielsweise Wasser, Wind und Sonne, muss berücksichtig werden. Keines dieser Kraftwerke ist somit wirklich grundlastfähig. Großer Pluspunkt ist aber die relativ lange Haltbarkeit von Wasser- und Windkraftanlagen. In Bezug auf Photovoltaikanlagen ist die Haltbarkeit eher begrenzt, dafür sind Anlagen dieser Art vor allem im privaten Bereich sehr leicht realisierbar und die Kosten sind dafür sind in den letzten Jahren merklich gesunken.

2.2.2. Brennstoffe fossiler Herkunft

Das größte Problem in Zeiten des Klimawandels stellt mit Sicherheit die Freisetzung von, normalerweise gebundenem, CO_2 dar, das durch Verbrennen von Kohle, Gas und Öl in die Atmosphäre gelangt. Auch, je nach verwendeter Literatur unterschiedlich angegeben, zurückgehende und in Zukunft verschwindende Vorkommen stellen ein bekanntes Übel dar. Dem gegenüberstehen aber auch zahlreiche Aspekte, die einen Verzicht im Moment ausschließen. Mit vergleichsweise geringen Investitionskosten liefern Anlagen dieser Art große Mengen an grundlastfähigen Strom, was zu einer allgemein hohen Rentabilität führt. Argumentiert wird oftmals auch mit den Arbeitsplätzen, die in der dahinterstehenden Rohstoffgewinnung existieren und beispielsweise bei Wasser- oder Windkraftanlagen wegfallen würden. Auch eine höhere Ortsungebundenheit wird als Vorteil genannt, lässt sich Kohle, Gas und Öl bekanntlich leicht über längere Strecken transportieren. Auch sind vor allem Kohle-, weniger Gasvorkommen, im Gegensatz zu Erdöl, relativ weit verbreitet auf der Erde, welches ein Risiko für Versorgungsengpässe aufgrund von beispielsweise politischer Konflikte oder auch Naturkatastrophen minimiert.

2.2.3. Atomkraft

Die in unserem Land verbotene Atomkraft birgt viele Vor- und Nachteile, weshalb weltweit sehr viele Staaten auf diese Art der Erzeugung setzen. Hohe Investitionskosten, beispielsweise aufgrund der weltweiten Rohstoffknappheit in Bezug auf nutzbarem Spaltmaterial, stehen dabei vergleichsweise unvorstellbaren Mengen an grundlastfähigem Strom gegenüber, die sonst mit keinem anderen Kraftwerk erreicht werden. Die Gefahr eines Super-GAU und die dadurch entstehende Gefahr für Mensch und Umwelt ist, nach den Ereignissen von Tschernobyl und Fukushima, wieder allgegenwärtig, und zeigt, dass die Nachteile dieser Energiegewinnung ernst zu nehmen sind. Auch das bis dato ungelöste Endlagerproblem ist Knackpunkt dieser Kraftwerke. Der geringe Flächenverbrauch und die CO_2-arme Herstellung von Strom sind weitere nicht unnennenswerte Vorteile.

2.3. Kritik

Im Unterricht unbedingt zu thematisieren ist auch die Kritik an der Stromerzeugung Österreich und wie diese für Laien dargestellt wird. Nach außen hin feiern wir uns selbst nämlich gerne als Musterschüler Europas, wie folgendes Zitat belegt:

> „Erneuerbare Energien leisten einen wertvollen Beitrag zur Stromerzeugung und sind Teil des flexiblen Energiemix in Österreich. Mit einem Anteil von 70 Prozent erneuerbarer Energien an der gesamten Stromerzeugung liegt die heimische E-Wirtschaft unangefochten an der Spitze im EU-Vergleich. Im Durchschnitt der EU-28 liegt der Anteil erneuerbarer Energien an der Stromerzeugung gerade einmal bei 28 Prozent." (Österreichs E-Wirtschaft 2017).

Bei genauerer Betrachtung der Daten stellt sich aber schnell heraus, dass wir diese Rolle zu Unrecht für uns in Anspruch nehmen. Um dies zu verstehen setzt das aber das Bewusstsein voraus, dass wir Teil eines europaweiten, grenzübergreifenden Strommarktes und Stromnetzes sind. Weiters muss man im Hinterkopf haben, dass wir unseren Strombedarf nicht ohne Hilfe, sprich Stromimporte, abdecken können. Im Jahr 2015 wurden 70.000 GWh an Strom verbraucht aber nur rund 65.000 GWh Strom erzeugt (vgl. E-Control Austria 2016). Wir können mit hundertprozentiger Sicherheit sagen, dass der im Inland produzierte Strom zum Beispiel nicht aus Atomkraft besteht, wird aber aus dem gesamteuropäischen Strommarkt importiert, können wir dies schlicht und einfach nicht mehr genau nachvollziehen aus welchen Quellen der Strom wirklich stammte. Strom fließt überall hin, so auch der Atomstrom aus Slowenien, Deutschland, Frankreich oder der Schweiz. Davon auszugehen keinen Atomstrom und nur wenig Strom aus Kohle- und Gaskraftwerken in unseren Leitungen zu haben ist daher schlichtweg falsch.

3. Didaktische Analyse

Folgendes Kapitel beschäftigt sich mit der Analyse der geplanten Unterrichtssequenz aus Sicht der Fachdidaktik. Die Medien der Sequenz werden dabei ebenso berücksichtigt werden sowie eine Einordnung in den Lehrplan stattfinden wird. Mithilfe einer Planungsmatrix wird gegen Ende des Kapitels die Einheit abschließend überblicksmäßig und leicht verständlich dargestellt.

3.1. Lehrplanbezug

Das Thema „Energiewirtschaft in Österreich: Unsere Stromversorgung" lässt sich gut im Fach Geographie, oder wie in den Handelsakademien hierzulande üblicherweise Wirtschaftsgeographie genannt, in den Lehrplan einordnen. Die meisten thematischen Überschneidungen lassen sich im zweiten Semester des zweiten Jahrganges einer HAK finden.

Dazu heißt es in der geltenden Fassung des Lehrplans der Handelsakademien (Bundesministerium für Bildung 2014):

> *„Bildungs- und Lehraufgabe:* Die Schülerinnen und Schüler können - kartografische Darstellungen interpretieren, anwenden und für Problemdarstellungen nutzen, - topografische Kenntnisse erweitern und für unterschiedliche Anwendungen nutzen, - naturräumliche Nutzungspotenziale Österreichs und ihre regionale Differenzierung erklären, - demografische Strukturen und Prozesse Österreichs und ihre Auswirkungen analysieren, - die Notwendigkeit von Raumordnung und Raumplanung begründen und ihre Instrumente erklären, -sozioökonomische Disparitäten Österreichs erkennen und deren Bedeutung für die unterschiedlichen Lebenswelt bewerten, - die Wechselwirkungen zwischen städtischem und ländlichem Raum darstellen, - den Wirtschaftsstandort Österreich unter Berücksichtigung der Energie- und Verkehrspolitik sowie der touristischen Entwicklung regional differenziert darstellen, - die Aspekte der Globalisierung und ihre Auswirkungen auf einzelne Länder beurteilen und deren Bedeutung für die eigene Lebenswelt einschätzen. *Lehrstoff:* Räumliche Orientierung: Topografische Grundlagen. Wirtschafts- und Lebensraum Österreich: Naturräumliche Nutzungspotenziale, demografische Strukturen, Wirtschaftsstandort, Infrastruktur und Raumplanung, Energie- und Verkehrspolitik, Tourismus, sozioökonomi-

sche Disparitäten. Internationalisierung und Globalisierung: Prozesse der Internationalisierung und Globalisierung sowie deren Auswirkungen auf Politik, Gesellschaft und Kultur."

Konkret lassen sich die Überschneidungen auf folgende Punkte zusammenfassen: Kartografische Darstellungen interpretieren, anwenden und für Problemdarstellungen nutzen, naturräumliche Nutzungspotenziale Österreichs, Notwendigkeit von Raumordnung und Raumplanung und der Wirtschaftsstandort Österreich unter Berücksichtigung der Energiepolitik.

3.2. Fachdidaktik und Methoden

Als grundlegendes didaktisches Modell liegen der geplanten Sequenz lernzielorientierte Didaktikansätze zugrunde. Da man in der Rolle des Lehrpersonals die Planung und Durchführung des Unterrichts immer begründen können sollte, werden im folgenden Unterkapitel die gewünschten Lernziele genauer erläutert sowie auf didaktisch-methodische Grundprinzipien näher eingegangen.

3.2.1. Lernziele

Persönlich ist mir bei der Sequenz wichtig, dass sich die Jugendlichen mit einem für uns so selbstverständlichem Thema beschäftigen und die Energiepolitik der letzten Jahre kritisch hinterfragen. Das verstärkte setzen auf erneuerbare Energiequellen und das verteufeln von anderen Arten der Stromerzeugung soll dabei möglichst aus mehreren Blickwinkeln betrachtet werden. Dabei soll ein Bewusstsein dafür geschaffen werden in welchem Spannungsfeld sich unsere Gesellschaft befindet und exemplarisch Arten einer Beteiligung am gesellschaftlichen Diskurs über solch kontroverse Themen aufgezeigt werden. Dies spiegelt sich auch in den Lernzielen wieder:

<u>**Groblernziel:**</u> Die Schülerinnen und Schüler sollen nach einer theoretischen Einführung, sprich nach Erarbeitung eines Arbeitswissens über Vor- und Nachteile verschiedenster Kraftwerkstypen, ein gesellschaftlich kontrovers diskutiertes Thema behandeln können und in einer mithilfe durch Texten und Diagrammen geleiteten Gruppenarbeit argumentieren, spekulieren, vernetzen und begründen können.

<u>**Feinlernziele:**</u> Die Schülerinnen und Schüler sollen …

inhaltlich:

… den Inhalt des Textes wiedergeben.

… durch die theoretische Einführung über die Vielfalt der Möglichkeiten der Stromerzeugung bescheid wissen.

… Gründe, die für das jeweils eigene Projekt sprechen, aufzählen.

… anhand einer Gruppenarbeit die Kontroversität des Themas erarbeiten.

… die Aufgabenstellung mit dem zuvor Gelernten (Vor- und Nachteile verschiedener Energieerzeugungsarten) in Verbindung bringen.

… Zusammenhänge zwischen Grafiken/Diagrammen und der Wirklichkeit herstellen und interpretieren.

… eigenständig mithilfe von bestehendem Wissen, Texten und Diagrammen argumentieren können.

… mit eigenen Argumenten und Ideen, die für das eigene oder gegen das andere Projekt sprechen, diskutieren.

methodisch:

… Lücken in einem Arbeitsblatt ergänzen.

… ein Plakat gestalten.

… eine schlüssige Argumentation erstellen.

sozial-kommunikativ:

… gemeinsam mit dem Nachbarn/der Nachbarin das Arbeitsblatt erarbeiten.

… sich innerhalb der Gruppe über Text/Diagramme/Grafiken/eigene Ideen austauschen.

... innerhalb der Gruppe eine Debatte über die Gewichtung einzelner Punkte führen.

... sich innerhalb einer Diskussion (Bürgerversammlung) einbringen und am Diskurs sachlich, ohne überschweifende Emotionen teilnehmen.

... fähig sein ein Konfliktgespräch zu führen.

affektiv:

... die Stromerzeugung aus erneuerbaren und fossilen Energiequellen differenziert mit all den Vor- und Nachteilen betrachten.

3.2.2. Didaktisch-methodische Grundprinzipien

Bei der methodischen Themenerschließung wurde dabei besonderer Wert auf das Konflikt- und Widerspruchspotenzial gelegt, welches die Aufgabenstellung der Gruppenarbeit mit sich bringt. In Bezug auf die didaktisch-methodischen Prinzipien wurde die Einheit nach dem fachdidaktischen Grundkonsens des Instituts für Geographie und Regionalforschung der Universität Wien gestaltet. Zentrale Punkte meiner Unterrichtseinheit stellen hierbei die Zukunftsorientierung, in geringerem Ausmaße die Aktualitätsorientierung, dar. Der Handlungsorientierung wird größtmögliche Beachtung durch die durchzuführende Gruppenarbeit geschenkt, wozu mir diese Leitfrage als passend erscheint: Wie und was kann ich als einzelner Bürger tun um demokratisch am Entscheidungsprozess teilzuhaben, der mich und meine Umwelt unmittelbar aber auch meine Zukunft als Teil der Gesellschaft ökologisch und ökonomisch verändert? Durch den handlungsorientierten Teil wird somit auch das Prinzip der politischen Bildung auf Basis gesellschaftskritischer Reflexionen beachtet und eine inhaltliche Mehrperspektivität innerhalb des Klassenraumes abgebildet. (vgl. Pichler, Vielhaber 2012)

3.3. Medieneinsatz

Medien dienen als Träger von Informationen, die zwischen Wirklichkeit und dem Adressaten vermitteln sollen. Im Allgemeinen dienen sie der Objektivierung von Inhalten, deren Reproduzierbarkeit, der darstellerischen Perfektion sowie der Intensivierung von Lernprozessen.

Ein moderner Unterricht ohne Medien wäre nahezu unvorstellbar, denn sie setzen wertvolle Kommunikations- und Handlungsprozesse in Gang. (vgl. Brucker et al. 2012, S. 64)

Mein Hauptmedium im geplanten Unterricht sind eindeutig Statistiken/Tabellen und Diagramme. Wie in den von den Schülern und Schülerinnen zu bearbeitenden Arbeitsaufträgen ersichtlich ist werden zahlreiche Diagramme vorgegeben, mit deren Hilfe man eine stichhaltige Argumentation aufbauen soll. Auch das, meiner Meinung nach oft unterschätzte, aber wichtigstes Medium des gesamten Unterrichts, der Stimme des Lehrpersonals selbst, übernimmt bei der theoretischen Einführung zu Beginn der Sequenz kurz die Hauptrolle. Nicht zu vergessen wäre meiner Meinung auch das Medium Text, das im handlungsorientierten Teil seinen Platz findet.

3.3.1. Statistiken, Tabellen, Diagramme

Das nun folgende Wissen beruht auf dem Inhalt einer Lehrveranstaltung der Karl-Franzens-Universität Graz mit dem Titel „GWD.07405UB Fachspezifische Mediendidaktik" im Wintersemester 2017 (Germ 2017): Grundsätzlich ist diese Art von Medium aus anderen Fächern, wie beispielsweise Mathematik, bekannt und stellt, anders als die Karte, kein fachspezifisches Medium dar. Dennoch kommen Statistiken, Tabellen und Diagramme im G-WK Unterricht sehr häufig vor, denn es beruhen bekanntlich viele Themen der Wirtschafts- und Sozialpolitik auf diesen Darstellungen.   Statistiken, Tabellen und Diagramme eignen sich daher besonders gut um komplexe Themen einfach, oftmals selbsterklärend, visuell darzustellen. Egal ob relative oder absolute Zahlen, Durchschnittszahlen oder Prozentzahlen, Statistiken, Tabellen und Diagramme eignen sich gut um große Mengen an Zahlen aufzubereiten. Zu den weiteren Vorteilen schreibt Ernst (2002, S. 4) zusammenfassend in einem Beitrag zu Methodiküberlegungen für den mathematisch-naturwissenschaftlichen Unterricht:

> „Zeitliche Entwicklungen einer Größe und relative Anteile an einer Gesamtheit erschließen sich graphisch weitaus anschaulicher als in spröden Zahlenkolonnen, mehrdimensionale Abhängigkeiten lassen sich in einem Diagramm komprimieren. Daraus resultiert ihr häufiger Einsatz in Presse und Fernsehen, was das Verstehen von Diagrammen als eine wichtige Fähigkeit zur Orientierung in unserer komplexen Welt erscheinen lässt."

Außer Acht lassen darf man aber auch nicht die Nachteile, die dieses Medium bietet. Oftmals sollen Diagramme und Statistiken nicht nur informieren, sondern Meinungsbilder steuern und gewünschte Thesen belegen beziehungsweise widerlegen, weshalb die Frage nach dem Auftraggeber einen zentralen Punkt der Analyse darstellt. Erreicht wird dies einerseits durch die Skalierung, die sehr leicht entweder eine Dramatisierung oder Untertreibung erzeugt. Daneben wird oft mit der Aktualität und Vollständigkeit der Daten gespielt, Maßstäbe und Proportionen nicht eingehalten oder einfach mit Farben gearbeitet, die uns im Unterbewusstsein etwas suggerieren sollen. Diesen hoch-manipulativen Charakter beschreibt das folgende Zitat aus dem Volksmund passend: „Was nicht passt, wird passend gemacht. Das ist richtig verstandene Statistik.".

Gerade deswegen ist das oben erwähnte Verstehen von Diagrammen und Statistiken eine wichtige Fähigkeit, die im Unterricht fokussiert werden sollte, weshalb ein verstärkter Einsatz den Jugendlichen mit Sicherheit nicht schaden dürfte.

3.4. Unterrichtsverlauf

Im Folgenden nun nochmals kurz der Verlauf der geplanten Sequenz, die Überblicksmäßig auch in tabellarischer Form dargestellt wird.

Am Beginn steht die Begrüßung mit dem Organisatorischen, worauf sogleich der Einstieg in das Unterrichtsthema stattfindet. Mittels Fragen, die zum Nachdenken anregen, soll anhand einer Steckdose die Selbstverständlichkeit von Strom ein bisschen hinterfragt werden und dessen Herkunft in Frage gestellt werden. Ein semantisches Differenzial würde sich an dieser Stelle besonders gut eignen um an die Erfahrungswelt der Schüler und Schulerinnen anknüpfen zu können und schon bestehendes Wissen zu nutzen.

Die nächste Phase des Unterrichts ist die Erarbeitung eines gewissen Arbeitswissens, um nachfolgende Aufgabenstellungen besser lösen zu können. In diesem Abschnitt wird, vorzugsweise mittels Lehrervortrag gestützt durch eine Power Point Präsentation, alternativ wäre aber auch ein kurzes Video möglich, eine kurze theoretische Einführung über die Vielfalt der verschiedenen Kraftwerkstypen- und arten gegeben. Sowohl Vor-, als auch Nachteile werden dabei angesprochen und Beispiele bestehender Kraftwerke genannt. Dieser lehrerzentrierte „Frontalunterricht" dauert in etwa 15 Minuten, was, meiner Meinung nach, den Jugendlichen in diesem Alter als leicht zumutbar angerechnet werden kann. Danach bekommen die Schüler und Schülerinnen ein selbst gestaltetes Arbeitsblatt, welches mit dem Nachbar oder der Nachbarin zu ergänzen ist. Abschließend folgen eine kurze gemeinsame Wiederholung und ein Vergleich von zentralen Aussagen/Punkten des Arbeitsblattes in der Klasse.

Den Kern der gesamten Sequenz stellt aber klar die Handlungsorientierung dar, welche in der nun folgenden Gruppenarbeit fokussiert wird. Zur zeitlichen Dimension wollte ich mich nicht äußern, da dies je nach Vorwissen und Kreativität von Lerngruppe zu Lerngruppe unterschiedlich sein kann. Mindestens 40 Minuten, mit Luft nach oben, würde ich jedoch einplanen wollen.

Das Gleiche gilt für den letzten Teil der Sequenz, da man im voraus nicht sagen kann wie lebendig sich die Diskussion entwickeln wird. Mindestens 30 Minuten, hoffentlich mehr, wären aber wünschenswert. Als Lehrer oder Lehrerin sollte man hier allgemein zeitlich etwas flexibler sein und das Projekt im Auge habe, weniger die Angst anderen Stoff nicht unterzubringen, und gegebenenfalls eine weitere Stunde an einem anderen Tag hinzunehmen.

Phase	Lerninhalte	Unterrichtsverfahren/ methodische Entscheidung	Medium / Material
Begrüßung und Organisatorisches	keine	keine	Lehrpersonal EKB
Einstieg	Über die Selbstverständlichkeit von Strom aus Steckdose mithilfe von Fragen an ganze Klasse (Woher kommt er? Wie wird er produziert? Umweltfreundlichkeit?) einen Einstieg finden.	Ein semantisches Differenzial würde sich sehr gut anbieten (an Erfahrungen der SUS anknüpfend)	Lehrpersonal und/oder Arbeitsblatt (semantisches Differenzial); Steckdose
Erarbeitung des Arbeitswissens	Nach theoretischer Einführung sollen SUS über versch. Formen der Stromerzeugung und dessen Vor- und Nachteile einen Überblick haben.	Lehrervortrag visuell gestützt durch PP-Präsentation (alternativ auch passendes Video möglich); mit Partner Arbeitsblatt ausfüllen; gemeinsame Wiederholung und Vergleich von zentralen Aussagen/Punkten des Arbeitsblattes	Lehrpersonal und PP-Präsentation (od. Video); Arbeitsblatt
Handlungsorientierung Gruppenarbeit	Die SUS sollen bei der folgenden Gruppenarbeit zuerst Text, Statistiken und Diagramme analysieren, bewerten, interpretieren und auch bestehendes Wissen nutzen um Argumente für ein vorgegebenes Kraftwerksprojekt, beziehungsweise Argumente gegen das gegnerische Projekt, finden und damit eine schlüssige Argumentation aufbauen. Dabei soll auch ein Plakat ge-	Gruppenarbeit Austausch innerhalb der Gruppe Gespräch mit SUS	Statistiken Diagramme Lehrpersonal Arbeitsblätter Plakate

	staltet werden. Beim ganzen Arbeitsprozess wirkt das Lehrpersonal als Unterstützung und ggf. als Impulsgeber, wobei in jeder Gruppe alle Statistiken und Diagramme kurz angesprochen werden um zu sehen ob diese richtig verstanden wurden. Ansonsten Erklärung.		
Handlungs-orientierung Gruppenprä-sentation bzw. Gruppendis-kussion	Den letzten Abschnitt der Unterrichtssequenz stellt die Gruppenpräsentation bzw. Gruppendiskussion dar. Hier soll zuvor gelerntes und erarbeitetes möglichst realitätsnahe angewendet werden. Ziel ist es, dass sich möglichst alle SUS konstruktiv am Prozess beteiligen. Das Lehrpersonal übernimmt hier eig. nur mehr die Zuhörerrolle.	Gruppenarbeit Präsentation Diskussion Austausch innerhalb der Gruppe	Plakate Diskussion Lehrpersonal

4. Quellenverzeichnis

Brucker, A. (Hg. und Autor), Flath, M., Geiger, M., Hoffmann, R., Hoffmann, T., Köck, P. (2012): Geographiedidaktik in Übersichten. 3. aktualisierte Aufl. München: Aulis Verlag. 152 Seiten.

Brücher, W. (2009): Energiegeographie: Wechselwirkungen zwischen Ressourcen, Raum und Politik. Berlin, Stuttgart: Borntraeger. 280 Seiten.

Bundesministerium für Bildung (Hg.), 2014: Lehrplan der Handelsakademie. https://www.hak.cc/files/syllabus/Lehrplan_HAK_2014.pdf, zuletzt online am 05.11.2017. S. 81-84.

E-Control Austria (Hg.), 2016: Statistikbroschüre 2016. https://www.e-control.at/documents/20903/388512/e-control-statistikbroschuere-2016.pdf/e11c5759-8bcf-4548-9c96-3df8b4a1284a, zuletzt online am 05.11.2017.

Ernst, S. (2002): Methodiküberlegungen für den mathematisch-naturwissenschaftlichen Unterricht. Diagramme und Statistiken. https://www.isb.bayern.de/download/6761/diagramme_und_statistiken.pdf, zuletzt online am 05.11.2017.

Vogrin, A (2007): Die Elektrizitätswirtschaft der Steiermark als Thema im Unterrichtsfach GW. Diplomarbeit. Karl-Franzens-Universität. Institut für Geographie und Raumforschung, Graz.

Österreichs E-Wirtschaft (Hg.), 2017: Daten und Fakten zur Stromerzeugung. http://oesterreichsenergie.at/daten-fakten-zur-stromerzeugung.html, zuletzt online am 05.11.2017.

5. Anhang

Schlussendlich sind im Anhang die im Unterricht verwendeten Arbeitsblätter angehängt.

Arbeitsblatt Kraftwerkstypen

Typ	Vorteile	Nachteile	Beispiel
Laufkraftwerk	Schutz vor Hochwasser, Entstehung von Naherholungsräumen, kein CO2 Ausstoß, sehr lange Lebensdauer, viel Erfahrung		
Speicherkraftwerk		Flächenverbrauch, hohe Investitionskosten, Eingriff in den Wasserhaushalt, Gefahr (z.B. Vajont)	
Pump-Speicherkraftwerk			Malta Hauptstufe (Kärnten), Reißeck 2 (Kärnten), Silz (Tirol)
Windenergie (onshore)	geringe Investitionskosten, leichte Verfügbarkeit, kein CO2 Ausstoß, hohe Effizienz, kein direkter Eingriff in die Umwelt		
Windenergie (offshore)		Investitionskosten (Bau der Anlage, Leitungsbau), geringere Lebensdauer (Korrosion)	

Wärmekraftwerk (Gas)			Mellach (Steiermark), Simmering (Wien), Theiß (Niederösterreich)
Wärmekraftwerk (Kohle)	Grundlastfähigkeit, Arbeitsplätze (v.a. durch Abbau), Rohstoff auch aus politisch stabilen Regionen, relativ günstig		

Wärmekraftwerk (Müll)		hohe Abgasemissionen, belastete Schlacke/Asche/Stäube, weniger Recycling-Bewusstsein (Vernichtung von Rohstoffen)	
Wärmekraftwerk (Erdöl)			Shoaiba (Saudi-Arabien, Leistung 5,6 Gigawatt!), Theiß (Niederösterreich), Simmering (Wien)
Biomassekraftwerk	CO2 neutral, nachwachsender Rohstoff, Förderung lokaler Wirtschaft, dezentrale Versorgung (kleinere Kraftwerke)		

Atomkraftwerk		extrem hohe Investiti- onskosten, Rohstoff- knappheit, Endlager- problem, Gefahr für Mensch und Umwelt durch GAU	
Geothermie			Island, Indonesien, USA (zur Stromerzeu- gung aber noch wenig genutzt)
Photovoltaik	kein CO2 Ausstoß, überall Verfügbar, leicht zu Installieren, Kosten sanken in den letzten Jahrzehnten drastisch, dezentrale Versorgung		
Solarthermie		Flächenverbrauch, nicht überall rentabel, Leitungsbau (aus Saha- ra z.B.)	

Diagramm zum Setting

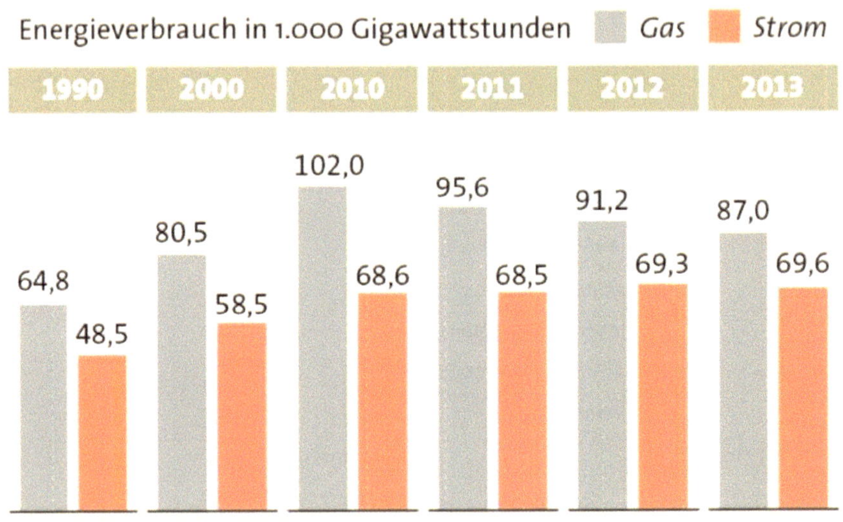

Quelle:

https://images.kurier.at/46-60383846.jpg/53.290.892, zuletzt online am 26.10.2017

3.5. Gruppe „Dampfkraftwerk Voitsberg"

Abbildung wurde aus urheberrechtlichen Gründen entfernt

Das Wärmekraftwerk Voitsberg ging 1983 mit einer Generatorleistung von 330 MW sowie einer Wärmeauskopplung von 35 MW aus einer Turbinenanzapfung plus 10 MW, die aus der Abwärme der Kühler gewonnen wurde, in Betrieb. Es verfügte außerdem über eine Rauchgasentschwefelungsanlage, die eine Verminderung des Schwefeldioxidausstoßes um 90 Prozent bewirkte. Das Kraftwerk mit rund 75 Mitarbeitern und die naheliegenden Kohleabbaustätten wurden im Jahr 2006 stillgelegt. Dies geschah einerseits auf Grund von zurückgehender leicht abbaubarer Braunkohlevorkommen in den Bergwerken des Bezirks Voitsberg und den damit verbundenen höheren Kosten zu deren Erschließung, andererseits durch den niedrigeren am Markt zu erzielenden Preis für Strom, weshalb der Betreiber des Kraftwerks keinen wirtschaftlichen Betrieb mehr sah...

Annahme:

Ein Investor kaufte nun das Kraftwerk im Jahr 2017 und plant dessen Wiederinbetriebnahme und eine vergleichsweise kostengünstige Umrüstung auf Steinkohle, da die naheliegenden Abbaustätten nicht mehr für eine Wiederaufnahme der Kohleförderung geeignet sind. Der bestehende Bahnanschluss an das Schienennetz der GKB soll dazu dienen Steinkohle aus Polen leicht zu importieren. Von Seiten der Behörden wurde schon grünes Licht gegeben, gegen dieses Vorhaben formierte sich aber binnen kürzester Zeit eine Gegenbewegung, die stattdessen die Errichtung eines Speicherkraftwerkes fordert. Da der Stromverbrauch in den letzten Jahren und Jahrzehnten stetig gestiegen ist, muss eine der beiden Varianten, entweder das „Dampfkraftwerk Voitsberg" oder das Speicherkraftwerk „Oswaldgraben", zwingend realisiert werden.

<u>Auftrag:</u>

Bei einer Bürgerversammlung gilt es nun die Mehrheit der Bevölkerung mit stichhalti-gen Argumenten vom jeweils eigenen Projekt zu überzeugen. Um die Argumentation zu stützen werden von jeder Seite zwei Grafiken/Diagramme vorgelegt. Weitere Vor-teile des eigenen Kraftwerkes sollen ebenso in die Debatte einfließen sowie Nachtei-le des jeweils anderen Projektes um die Bevölkerung auf seine Seite zu bekommen. Beachtet dabei das Factsheet des jeweils anderen Kraftwerkes. Denkt euch so viele Argumente wie nur möglich aus, die euch bei einer geplanten Wiederinbetriebnahme des Kraftwerkes unterstützen.

Abschließend findet die Bürgerversammlung statt, in der ihr als Gruppe auftreten sollt und euer Projekt mit den gesammelten Punkten unterstützen sollt! Gestaltet für diese Versammlung auch ein Plakat im Stil eines Wahlkampfplakates, um auch visuell Un-terstützung zu finden!

Grafik 1: Anzahl der Krebserkrankten (eigens erstellt via STATcube der Statistik Austria am 25.10.2017)

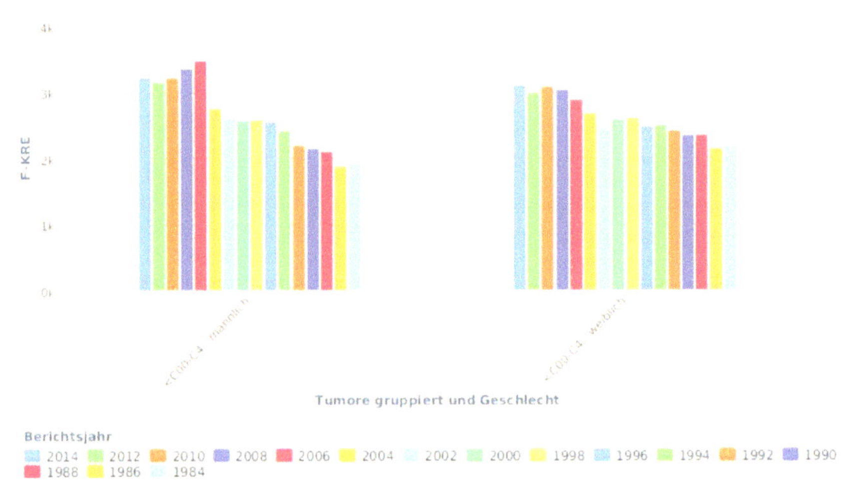

Grafik 2: Importe, Exporte und Inlandsverbrauch von elektrischer Energie im Jahr 2008

(http://www.lebendigefluesse.at/img/html/ElektrischeEnergie-Importe,Exporte,InlandsverbrauchimJahr2008.jpg, zuletzt online am: 26.10.2017

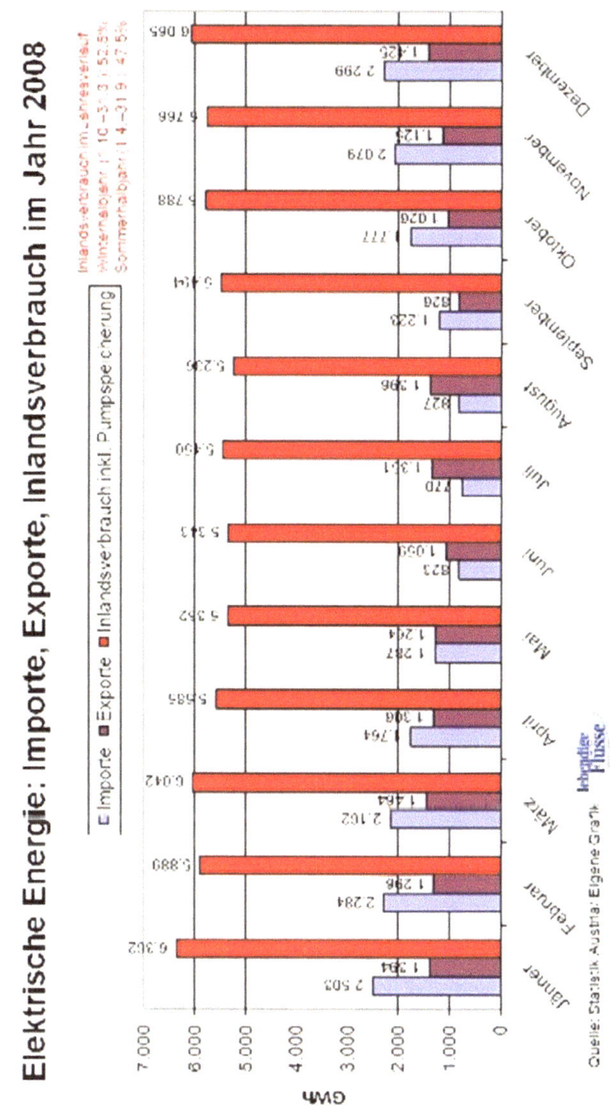

)

3.6. Gruppe „Speicherkraftwerk Oswaldgraben"

Das Speicherkraftwerk „Oswaldgraben" würde im Gemeindegebiet von Kainach bei Voitsberg im Bezirk Voitsberg errichtet werden und ein Investitionsvolumen von ca. 80 Millionen Euro umfassen. Laut Planungsunterlagen beträgt die Länge der zu errichtenden Staumauer 413,65 Meter und das Stauziel liegt bei genau 700 Metern Seehöhe, wobei der Grundablass auf einer Seehöhe von 624,5 Metern liegt. Die Höhe der Staumauer misst somit an der höchsten Stelle 80,5 Meter Höhe. Das geplante Krafthaus liegt in direkt im Ort Kainach bei Voitsberg auf einer Seehöhe von 520 Metern, woraus sich ein Höhenunterschied von 180 Metern zwischen Stauziel und Krafthaus ergibt. Mit dem zu erwartenden Durchschnittsdurchfluss von 2m^3 pro Sekunde lässt sich die Leistung des Kraftwerkes mit folgender Formel leicht überschlagsmäßig errechnen:

$$P = Q * h * c$$

P entspricht der Kraftwerksleistung, *h* entspricht der Stauhöhe, *Q* entspricht dem Durchschnittsdurchfluss pro Sekunde und *c* entspricht einer Konstante, die den Effektivitätsgrad beschreibt und 8,5 lautet. Das Ergebnis liest sich in der Einheit kW.

Demnach ergibt das Kraftwerk eine Leistung von 3060 kW, oder umgerechnet, 3,06 MW.

Im Zuge des Aufstauens sind Anwohner umzusiedeln und Grundstücksbesitzer zu entschädigen und bestehende Infrastruktur muss adaptiert werden. Im konkreten Fall würde dies 14 Anwesen betreffen, wovon ein Großteil Gehöfte sind und somit auch als landwirtschaftliche Arbeitsstätten dienen. Zahlen zur Höhe der Entschädigung sind keine bekannt, Schätzungen bewegen sich aber zwischen 20 und 50 Millionen Euro.

Annahme:

Ein Investorenteam möchte nun das Kraftwerk realisieren, wobei von Seiten der Behörden schon grünes Licht gegeben wurde und Verhandlungen mit den Anrainern gestartet wurden. Daraufhin formierte sich aber binnen kürzester Zeit eine Gegenbewegung, die stattdessen die Nutzung schon bestehender Strukturen fordert und somit eine Wiederinbetriebnahme des „Dampfkrafwerk Voitsberg" für besser hält. Da der Stromverbrauch in den letzten Jahren und Jahrzehnten stetig gestiegen ist, muss eine der beiden Varianten, entweder das „Speicherkraftwerk Oswaldgraben" oder das „Dampfkrafwerk Voitsberg" zwingend realisiert werden.

Auftrag:

Eure Gruppe ist Teil des Investorenteams und ihr seid vom Gelingen und Erfolg des Projektes, sowie dessen Nutzen für die Gesellschaft, überzeugt. Bei einer Bürgerversammlung gilt es nun die Mehrheit der Bevölkerung mit stichhaltigen Argumenten vom jeweils eigenen Projekt zu überzeugen. Um die Argumentation zu stützen werden von jeder Seite zwei Grafiken/Diagramme vorgelegt. Weitere Vorteile des eigenen Kraftwerkes sollen ebenso in die Debatte einfließen sowie Nachteile des jeweils anderen Projektes um die Bevölkerung auf seine Seite zu bekommen. Beachtet dabei das Factsheet des jeweils anderen Kraftwerkes. Denkt euch so viele Argumente wie nur möglich aus, die euch bei eurem Projekt unterstützen.

Abschließend findet die Bürgerversammlung statt, in der ihr als Gruppe auftreten sollt und euer Projekt mit den gesammelten Punkten unterstützen sollt! Gestaltet für diese Versammlung auch ein Plakat im Stil eines Wahlkampfplakates, um auch visuell Unterstützung zu finden!

Grafik 1: Temperaturanstieg in Österreich (http://www.vol.at/2014/09/klima-gra.jpg, zuletzt online am: 26.10.2017

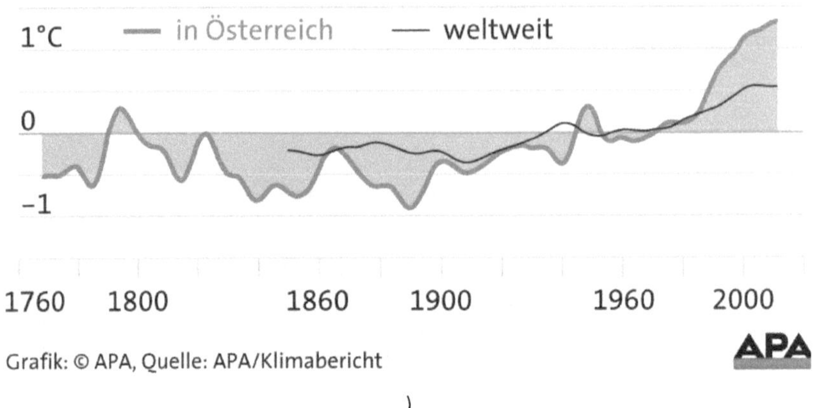
Temperaturanstieg in Österreich
Abweichung der mittleren jährlichen Lufttemperatur vom langjährigen Mittel (1901-2000) in Grad Celsius
1°C
in Österreich
weltweit
0
−1
1760 1800 1860 1900 1960 2000
Grafik: © APA, Quelle: APA/Klimabericht
APA

)

Grafik 2: Durchschnittliche Produktionskosten pro Megawattstunde Strom für ein neugebau-
tes Kraftwerk unter Einbeziehung aller Kosten der Errichtung, Wartung und des laufenden
Betriebes (http://www.safremaenergy.com/wp-content/uploads/2013/11/LCOE-2018.png , zuletzt online
am: 26.10.2017 Karten: selbst erstellt am 26.10.2017 via GIS Steiermark)

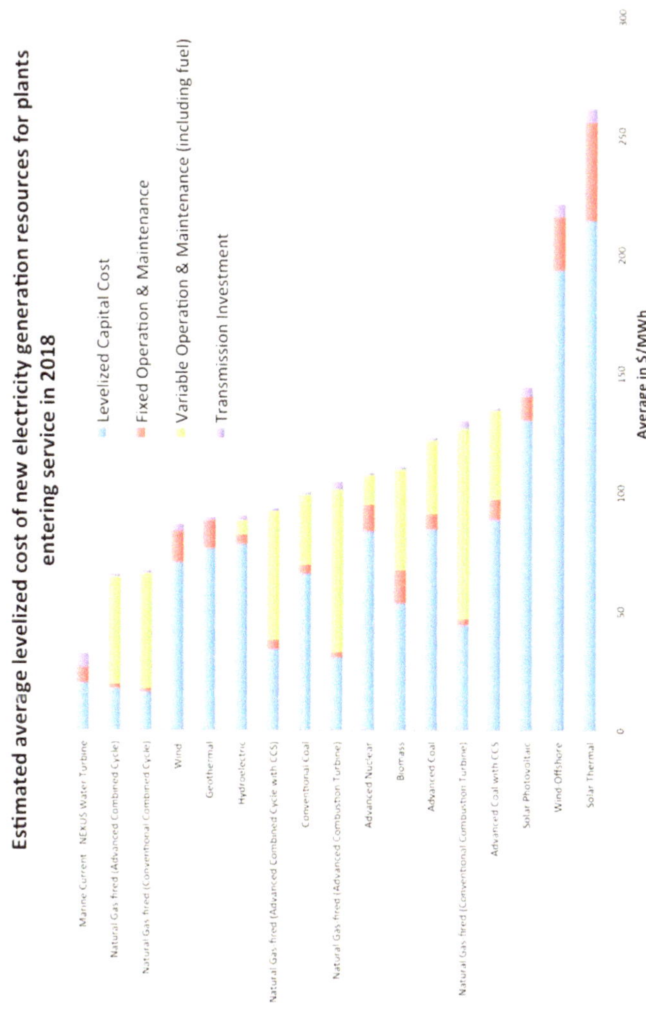

Karten: selbst erstellt am 26.10.2017 via GIS Steiermark)

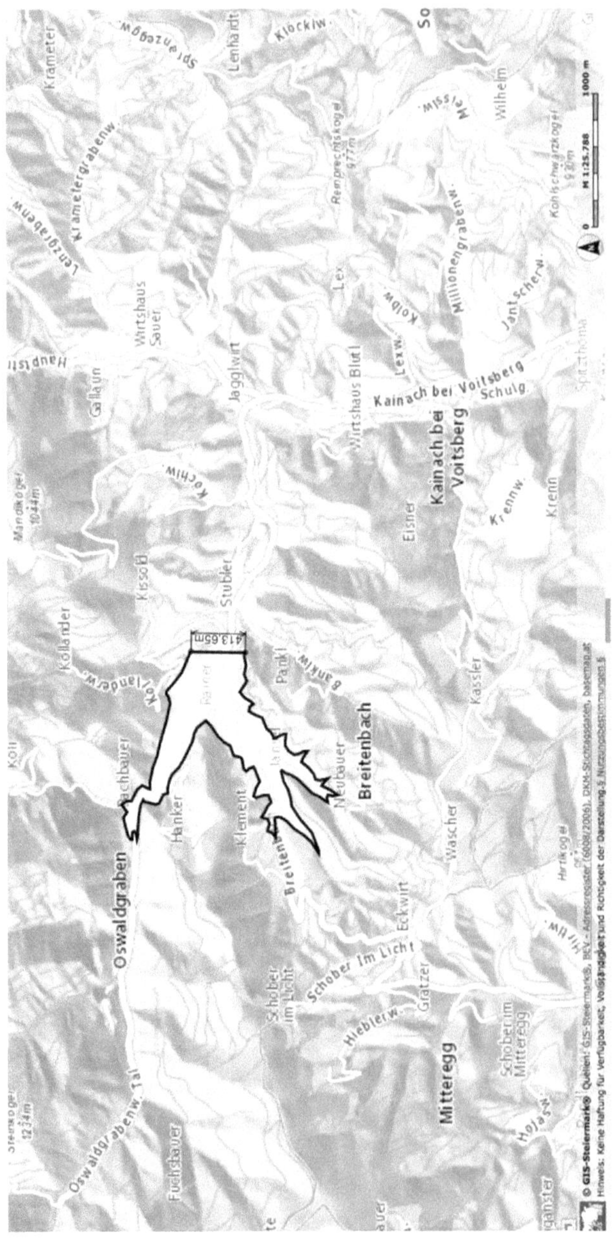

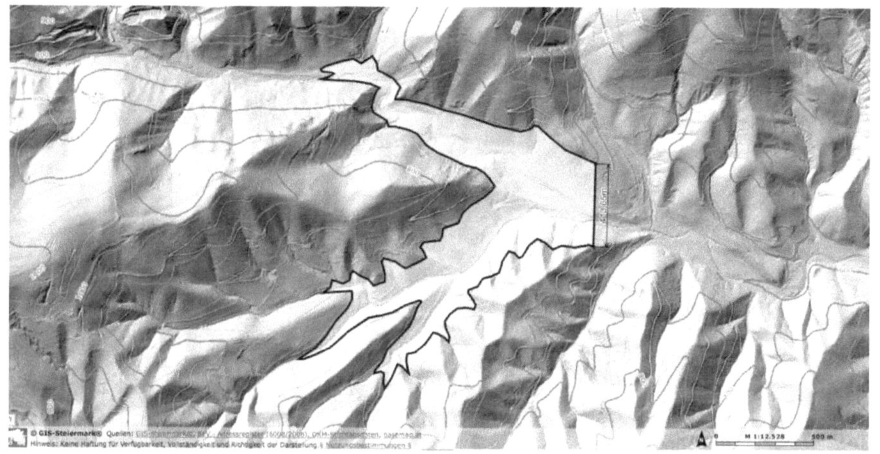

© GIS-Steiermark Quellen: GIS-Steiermark, BEV, Katastregister 1008/2009, DKM-Stichtagsdaten, basemap.at
Hinweis: Keine Haftung für Verfügbarkeit, Vollständigkeit und Richtigkeit der Darstellung § Nutzungsbestimmungen §
M 1:12.528
500 m

Bachbauer
Oswaldgrabenweg
Tal
Fraisslerweg
Kissoldweg
Kollanderweg
Hanker
Wipflerweg
Rainer
Schliblweg
Klement
Brusaweg
Breitenbach
Breitenbach
Jansel
Neubauerweg
Janselweg
Pankl
413,65m
DKM-Stichtagsdaten, basemap.at
§ Nutzungsbestimmungen §
M 1:8.012
400 m